Supplément au Centralblatt für Physiologie.

PHYSIOLOGIE

—

CLASSIFICATION DÉCIMALE

INDEX GÉNÉRAL

———

RAPPORT

PRÉSENTÉ A LA SOCIÉTÉ DE BIOLOGIE DE PARIS

PAR MM.

R. BLANCHARD, G. BONNIER

BOURQUELOT, DUMONTPALLIER, DUPUY, MALASSEZ

ET CH. RICHET, *rapporteur*

——◦◦◦◦◦——

PARIS

TYPOGRAPHIE CHAMEROT ET RENOUARD

19, RUE DES SAINTS-PÈRES, 19

—

1896

PHYSIOLOGIE

CLASSIFICATION DÉCIMALE

INDEX GÉNÉRAL

RAPPORT

PRÉSENTÉ A LA SOCIÉTÉ DE BIOLOGIE DE PARIS

PAR MM.

R. BLANCHARD, G. BONNIER

BOURQUELOT, DUMONTPALLIER, DUPUY, MALASSEZ

ET CH. RICHET, *rapporteur*

PARIS

TYPOGRAPHIE CHAMEROT ET RENOUARD

19, RUE DES SAINTS-PÈRES, 19

—

1896

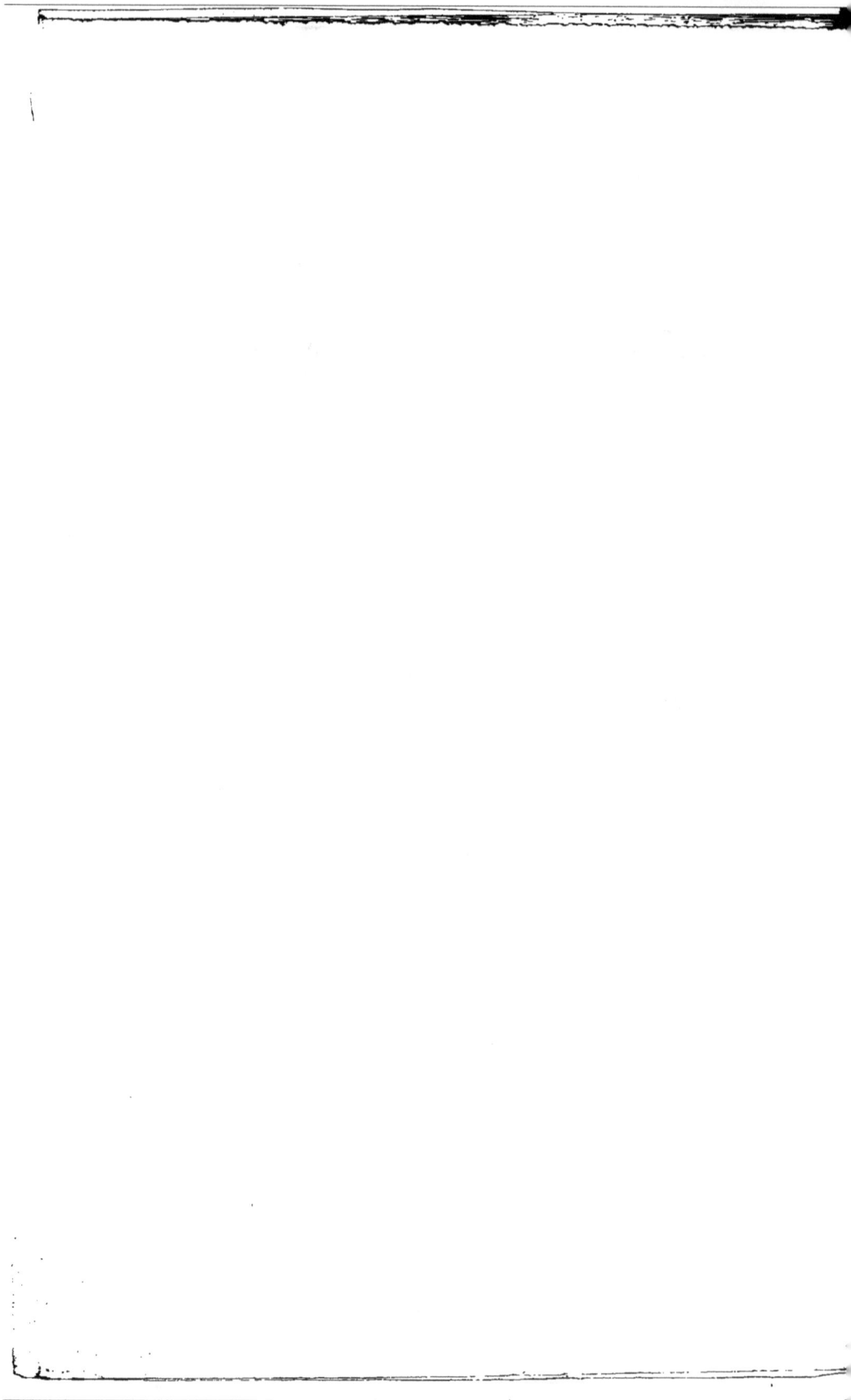

PHYSIOLOGIE

CLASSIFICATION DÉCIMALE

INDEX GÉNÉRAL

Classification décimale de la Physiologie. — Nous croyons devoir donner ici le système de classification décimale d'après la méthode de MELVIL DEWEY (*Decimal classification and Relativ Index*, 8°, 1894, Library Bureau, Boston, 593 p., 5° édit.) et *Organ. scientif. de la bibliogr. internat.*, 1896. Off. intern. bibliogr. de Bruxelles.

Nous avons, de concert avec quelques-uns de nos collègues de la Société de Biologie, R. BLANCHARD, G. BONNIER, BOURQUELOT, DUMONTPALLIER, DUPUY et MALASSEZ, agrandi le cadre des indications fournies par M. DEWEY, de sorte que, selon toute apparence, pour une classification méthodique et générale de la physiologie, cet index peut suffire.

Je n'ai pas à entrer dans le détail du système, il suffira de noter quelques points essentiels.

C'est d'abord que la liberté de classification n'était pas entière, puisque le système de DEWEY existait déjà, et que, sous peine d'arriver à une anarchie absolue, il était nécessaire de le conserver intégralement, en y ajoutant, peut-être ; mais en tout cas sans y rien modifier. A vrai dire, l'inconvénient n'est pas aussi grand qu'on l'imagine ; car toute classification est nécessairement arbitraire et artificielle, quelque excellente qu'on la suppose. Il va de soi que cette classification que nous donnons ici, adoptée par l'Institut bibliographique de Bruxelles, ne pourra être modifiée que par l'adjonction de certains numéros nouveaux ; on pourra ajouter (à condition d'une entente avec l'Institut de Bruxelles), mais il sera impossible de modifier, sous peine d'aboutir à une inextricable confusion.

L'usage n'en est pas difficile. Cependant il nécessite une certaine attention.

Dans certains cas, rien n'est plus simple. Par exemple, je trouve l'indication bibliographique suivante : A. DAMEUVE. *Contribution à l'étude des mouvements de l'estomac chez l'homme. D. P.*, 1889, 8°, Ollier Henry, 73 p. Rien de mieux déterminé. Il suffira de se reporter à la table où on trouvera *Mouvements de l'estomac*, 327. La thèse de A. DAMEUVE prendra donc le numéro 612.327.

Mais souvent l'indication est plus délicate ; car il est des questions connexes. Par exemple, si je trouve GALLERANI, G. *Resistenza della emoglobina nel digiuno* (*Ann. di chim. e di farm.* Milano, 1892(4), XVI, 141-159), il sera nécessaire de mettre une double indication à hémoglobine (111.11) et à jeûne, inanition (391.1) (phénomènes chimiques de l'inanition). Si l'on veut donc être correct, il faudra faire deux fiches semblables et en écrire une qu'on mettra à hémoglobine (111.11) et une autre qu'on mettra à inanition (391.1).

A vrai dire, chaque indication décimale comporte un petit problème, intéressant à résoudre, et qui ne peut même jamais, sauf le cas des sujets absolument classiques, être résolu d'une manière absolument satisfaisante ; surtout quand le titre et le sujet d'un mémoire ne comportent que des notions très générales. Je vois par exemple : *Relation des expériences faites sur un supplicié*, par CH. FAYEL. Sous quelle rubrique mentionner ces recherches qui portent sur l'irritabilité musculaire, l'action des muscles intercostaux, la persistance de l'irritabilité cardiaque, etc. ? Ne pouvant l'indiquer à tous les chapitres, je le mettrai simplement à physiologie, 612, sans autre indication ; ou, si je consens à faire trois, quatre, cinq indications par fiches, je les répéterai à 218 (action des muscles respirateurs), 172 (irritabilité cardiaque), 741.6 (irritabilité musculaire). Mais il faudra toujours, pour faire méthodiquement cette classification, avoir lu au moins l'analyse du mémoire.

S'il s'agit de faire une classification générale, universelle, il est clair que le numéro principal de l'indication décimale doit se rapporter à ce qui représente le mieux l'article en question. Par exemple soit un mémoire sur le traitement de l'hyperthermie fébrile dans la fièvre typhoïde par les bains froids, c'est évidemment à fièvre typhoïde (traitement) ou à bains froids que l'indication décimale devra être donnée, mais un physiologiste qui classe les fiches de sa bibliothèque ou de la collection de ses mémoires et de ses thèses aura le droit de classer cet article à chaleur, et c'est pour cela que nous avons cru devoir réserver dans la physiologie une place pour les affections médicales. Il y a, pour le cas

CLASSIFICATION DÉCIMALE.

spécial qui nous occupe, le chapitre 57. Fièvre et hyperthermies fébriles; nous mettrons donc l'article ci-dessus indiqué sous la rubrique 612.57, encore qu'il soit préférable pour un médecin de le classer à 616.927 (fièvre typhoïde).

De même, en zoologie, je trouve JOLYET. *Respiration des cétacés.* Un zoologiste classera ce mémoire à cétacés 599.5; mais un physiologiste préférera le classer à respiration, et de fait nous avons laissé pour chaque grande fonction une place à la physiologie comparée, de sorte que je classerai ce mémoire à mécanique respiratoire des mammifères 612.299.9; ou bien, s'il s'agit d'échanges gazeux plus que de mécanique respiratoire à 612.229.9.

Il faut songer aussi que, pour être complet, ou à peu près complet, il y a des doubles emplois nécessaires.

Par exemple, à physiologie du cœur, on ne pouvait omettre l'action du pneumogastrique sur le cœur (612.178.1). Mais, d'autre part, il faut mentionner aussi l'action de ce nerf sur le cœur à l'article pneumogastrique, de sorte que 612.819.911 fait tout à fait double emploi avec 612.178.1. De même encore on doit mentionner érection dans la physiologie des vaso-dilatateurs (612.184) et, d'autre part, à la physiologie des organes de la génération (612.612), et aux vaso-moteurs du système génital (612.187.612).

Mais cela ne nécessite pas l'emploi d'une double fiche; car tout physiologiste qui voudra étudier l'action du pneumogastrique sur le cœur cherchera ses documents aussi bien à pneumogastrique qu'à cœur.

Nous avons cherché, autant qu'il a été en notre pouvoir, à établir des séries parallèles. Ainsi les divisions générales de la physiologie sont celles qui concordent avec les autres divisions générales de la classification de DEWEY. Un traité de physiologie sera 612.02; l'histoire de la physiologie sera 612.09; un traité sur la circulation du sang sera 612.102, et l'histoire de la circulation du sang 612.109; un traité sur le système nerveux 612.802; l'historique du système nerveux 612.809.

On remarquera aussi un certain parallélisme entre les chiffres. Ainsi les mémoires de physiologie comparée portent les chiffres zoologiques.

.111.97 Globules des Poissons.
.111.98 Globules des Reptiles et Oiseaux.
.111.99 Globules des Mammifères.
.767 Locomotion des Poissons.
.768 Locomotion des Oiseaux.
.769 Locomotion des Mammifères.
.829.7 Système nerveux des Poissons.
.829.8 Système nerveux des Oiseaux.

.829.9 Système nerveux des Mammifères.
.849.7 Œil des Poissons.
.849.8 Œil des Oiseaux.
.849.9 Œil des Mammifères.

La composition chimique normale des humeurs porte le dernie chiffre 1.

.313.1 Salive normale.
.321 Suc gastrique normal.
.331 Suc intestinal.
.357.1 Bile normale.
.461 Urine.
.421 Lymphe.

Pour les paires nerveuses les numéros sont parallèles.

.819.1 1re paire cranienne.
.819.2 2e paire cranienne.
.819.3 3e paire cranienne.

Le chiffre 6 indique en général la physiologie pathologique.

.111.6 Globules dans les maladies.
.186 Vaso-moteurs dans les maladies.
.313.6 Altérations pathologiques de la salive.
.326 Altérations pathologiques de l'estomac.
.346 Altérations pathologiques du pancréas.
.664.6 Lait dans les maladies.

Le chiffre 4 se rapporte souvent à l'action des poisons.

.834 Action des poisons sur la moelle.
.224 Influence des poisons sur les échanges.
.334 Action des poisons sur la sécrétion intestinale.

Le parallélisme absolu eût été avantageux, au point de vue mnémotechnique; mais il était impossible, d'abord parce que, dans le système de DEWEY, déjà établi, il n'existe pas, ensuite parce que les divers sujets ne comportent pas une classification identique.

Somme toute, une sorte de régularité a été obtenue, et l'effort de mémoire nécessaire pour retenir ces divers chiffres n'est pas très grand.

On a demandé souvent de quelle utilité pouvait être cette classification. Il ne me semble pas douteux qu'elle est considérable.

Pour classer les fiches et les notes bibliographiques, même si ce système ne devait être employé que d'un seul physiologiste, il serait très avantageux; car il a été médité et élaboré de manière à fournir une classification à peu près aussi bonne que toute autre. Mais son principal avantage n'est pas là. En effet, elle est générale, c'est-à-dire qu'elle ne sera pas employée par un seul physiologiste, mais par tous ses collègues. Tous ceux qui auront écrit une publication sur un sujet de physiologie pourront classer leur article au chiffre qui leur paraîtra préférable, tous les bibliothécaires auront adopté la même notation, et toutes les indications que tel ou tel physiologiste aura adoptées pour sa bibliothèque seront immédiatement utilisables à tous. En un mot, il pourra y avoir unité et entente dans l'étude bibliographique, indépendamment du pays et de l'époque, au lieu qu'actuellement tout est confusion.

Nous avons aussi pris le parti de laisser toujours, autant que cela était possible, quelques numéros en blanc, de manière à permettre une certaine extension à la classification, au cas où, comme cela est certain, à l'avenir, de nouvelles déterminations deviendraient nécessaires.

Très souvent, en physiologie, comme d'ailleurs dans les autres sciences, il y a des sujets ayant pour titre : *Rapports de la circulation avec la respiration. Influence de la chaleur sur les centres nerveux*, etc. On mettra entre parenthèses le second sujet indiqué. Si circulation est 1 et respiration est 2, l'influence de la circulation sur la respiration sera 1 (2). Inversement l'influence de la respiration sur la circulation sera 2 (1). Influence de la chaleur sur la sécrétion biliaire 59 (357.3). Dans quelques cas, les plus importants, et ceux qu'on peut prévoir, l'indication est mentionnée dans l'index. Ainsi l'action du système nerveux sur la sécrétion et la fonction salivaires, qui a été l'objet de nombreux mémoires, est indiquée 313.8, et, en précisant plus encore, 313.87.

Pour mieux faire juger, donnons quelques exemples pris au hasard, par exemple dans l'*Index medicus* (1890, XII, 382), nous voyons :

Ueber das Lecithin und Cholesterin der rothen Blutkörperchen; 111.19.

(Autres substances chimiques des globules rouges :)

Ueber das Hämoglobin gehalt des Blutes unter verschiedenen Einflüssen, insbesondere dem der Antipyretica; 111.4. (Action des poisons sur les globules.)

Beiträge sur Herzinnervation; 178. (Innervation du cœur.)

Sull' asione microbicida del sangue in diverse condizioni dell'organismo; 118.2. (Propriétés bactéricides du sang.)

Rapporto fra le azioni di inibizione e di accelerazione del cuore per compressione dell' addome; 175. (Fréquence des battements du cœur.)

Contribuzione farmacologica alla dottrina dell' attivita della diastole; 171. (Mécanisme de la contraction du cœur) et 174. (Actions toxiques sur le cœur.)

Contribution à l'étude de la physiologie du foie. 33. (Foie.)

Beiträge zur Spaltung der Säure im Darm. 332. (Digestion intestinale, etc.)

En somme, la classification des mémoires des ouvrages de physiologie par le système décimal est extrêmement simple le plus souvent, et, dans les cas où elle est difficile, il est évident que le mémoire en question serait, avec toute classification, quelle qu'elle soit, fort difficile à classer.

Mais, si judicieux que soit l'indice proposé, le meilleur sera celui que donnera l'auteur lui-même; et c'est là qu'est vraiment la grande utilité future de la classification décimale. Il faut que chaque physiologiste fasse précéder son mémoire d'un numéro répondant à la table décimale, et en parfaite concordance avec les expériences ou les idées qu'il aura développées dans sa notice.

581.1. Physiologie végétale.

581.10. Généralités.

.101 Physiologie générale de la plante.
    .101.0 Vie.
    .101.1 Pesanteur et actions mécaniques.
    .101.3 Électricité.
    .101.4 Lumière et phosphorescence.
    .101.5 Chaleur et température.
    .101.6 Eau.
    .101.7 Physiologie du développement.
    .101.8 Action des anesthésiques et des poisons.
.102 Traités généraux.
.103 Méthodes de culture.
    .103.1 Plantes vasculaires.
    .103.5 Organismes inférieurs.
.108 Instruments et technologie.
.109 Historique.

581.11. Circulation.

.111 Absorption des liquides.
.112 Circulation des liquides.
.113 Circulation des gaz.
.115 Exsudation.
.116 Transpiration.
    .116.1 Mécanisme et mesure de l'émission de vapeur d'eau.
    .116.2 Influence de la chlorophylle.
    .116.3 Influence de la lumière.
    .116.4 Influence de l'humidité de l'air.
    .116.5 Influence de la température.

.116.7 Chaleur absorbée.
.117 Influences extérieures sur la circulation.
.119 Pression interne.

581.12. Respiration.

.121 Mécanisme et mesure de l'absorption d'oxygène et
de l'émission d'acide carbonique.
.122 Influence de la pression.
.123 Influence de la lumière.
.124 Influence de l'humidité.
.125 Influence de la température.
.126 Autres influences.
.127 Chaleur dégagée.

581.13 Nutrition.

.131 Aliment.
        .131.11 Plantes carnivores.
.132 Assimilation chlorophyllienne.
     .132.1 Mécanisme et mesure de l'émission d'oxy-
gène et de l'absorption d'acide carbonique.
     .132.3 Influence de la lumière.
     .132.4 Influence de l'humidité.
     .132.5 Influence de la température.
     .132.6 Autres influences.
     .132.7 Chaleur absorbée.
.133 Formation et répartition des réserves.
.134 Utilisation des réserves; digestion.
     .134.1 Réserves amylacées.
     .134.2 Réserves cellulosiques.
     .134.3 Réserves oléagineuses.
     .134.4 Réserves albuminoïdes.
.135 Sécrétion et excrétion.
     .135.1 Laticifères.
     .135.2 Canaux sécréteurs.
     .135.3 Glandes et cellules sécrétrices.
     .135.4 Nectaires.
     .135.5 Produits secrétés.
         .135.41 Essences et parfums.
         .135.42 Résines.
         .135.43 Gommes.
         .135.44 Nectar.
     .135.5 Influence du milieu extérieur.
     .135.6 Autres influences.
.136 Dégénérescence et résorption partielle.

.136.1 Desquamation.
.136.2 Chute des feuilles.
.136.3 Chute des branches.
.136.5 Cicatrisation.
.137 Parasitisme.
.138 Symbiose.

581.14 Développement.

.141 Physiologie de la graine.
.142 Physiologie de la germination. (Voir 581.3.)
.143 Croissance.
    .143.1 Influence de la pesanteur et actions mé-
        caniques ; géotropisme.
    .143.3 Influence de l'électricité.
    .143.4 Influence de la lumière; héliotropisme.
    .143.5 Influence de la température.
    .143.6 Influence de l'eau.
.144 Physiologie spéciale de la racine.
.145 Physiologie spéciale de la tige.
.146 Physiologie spéciale de la feuille.
.147 Physiologie spéciale de la fleur.
    .147.1 Physiologie du développement de la fleur
        en fruit.
.148 Physiologie spéciale du fruit.
.149 Longévité, mort.

581.15 Variation.

.151 Polymorphisme.
.152 Adaptation à des causes isolées.
    .152.3 Lumière.
    .152.4 Eau.
    .152.5 Température.
    .152.6 Sol.
.153 Adaptation aux conditions naturelles.
    .152.0 Climat.
    .152.1 Altitude.
    .152.2 Latitude.
    .152.3 Littoral.
.154 Mimétisme.
.155 Métissage, hybridité.
.157 Variation de l'espèce.
    .157.1 Variétés.
    .157.2 Formes.
.158 Sélection.

581.16 Reproduction.

.161 Physiologie de la fécondation.
.162 Sexualité.
.163 Parthénogenèse.
.164 Pollinisation.
    .164.1 Auto-fécondation.
    .164.2 Fécondation croisée.
.165 Spores.
.166 Formes alternantes.
.167 Multiplication.
    .167.1 Greffe.
    .167.2 Bouturage.
    .167.3 Marcottage.
.168 Hérédité.

581.17 Physiologie cellulaire.

.171 Physiologie du protoplasma.
.172 Physiologie de la membrane.
.173 Physiologie du noyau.
.174 Leucites.
    .174.1 Corps chlorophylliens.
    .174.2 Pigments.
.751 Suc cellulaire.
.176 Physiologie des tissus.
    .175.1 Tissus conducteur.
    .175.2 Tissus de soutien.
    .175.3 Tissus de protection.

581.18 Mouvements et sensibilité.

.181 Mouvements protoplasmiques.
.182 Mouvements mécaniques.
    .182.1 Déhiscence des anthères.
    .182.2 Déhiscence des fruits.
.183 Mouvements et sensibilité des organes.
    .183.1 Racine.
    .183.2 Tige.
    .183.3 Feuille.
        .183.31 Influences extérieures.
        .183.32 Renflements moteurs.
        .183.33 Mouvements spontanés.
        .183.34 Sommet des fleurs.
    .183.4 Fleur.
        .183.41 Influences extérieures.
        .183.44 Sommeil des fleurs.

.183.5 Vrilles.
.183.6 Poils.
.184 Mouvements de la plante entière.
.184.1 Cils vibratils.
.184.2 Influences extérieures.

581.19 Chimie végétale.

.191 Nature chimique du sol.
.191.1 Sols naturels.
.191.2 Substances ajoutées au sol.
.192 Analyse de la plante.
.192.1 Analyse des cendres.
.192.2 Analyse organique.
.192.3 Analyse immédiate.
.193 Produits hydrocarbonés.
.194.1 Amidon, inuline.
.194.2 Sucres.
.194.3 Cellulose.
.194 Produits azotés.
.195.1 Chlorophylle.
.195.2 Aleurone.
.195.3 Tanin.
.196.4 Alcaloïdes.
.195 Matières colorantes.
.196 Autres produits.
.197 Diastases.
.198 Réactions internes.
.199 Physiologie des fermentations.

612. Physiologie animale[1]

612.0. Généralités.

.01 Théories et généralités sur la physiologie.
.011 De la méthode expérimentale.
.012 De la vivisection (v. aussi 614.22).
.013 De la vie et de la mort. Vitalisme.

---

1. Comme toute la physiologie porte le numéro 612, nous avons jugé inutile de le répéter. Il est clair que toute indication numérique doit être précédée du numéro 612. Ainsi .082 se lira 612.082, et .833.391, se lira 612.833.391. Mais, dans une bibliographie (ou une bibliothèque) exclusivement physiologique, on pourra supprimer le premier terme 612, qui se répète invariablement à chaque indication.

.014 Physiologie des cellules et des organismes.

    .014.1 Caractères et fonctions chimiques de la cellule.

    .014.2 Caractères histo-morphologiques.

    .014.3 Caractères physiologiques de la cellule.

    .014.4 Action des agents extérieurs sur les organismes et le protoplasma.

        .014.41 Action de la pression barométrique (v. aussi 612.27).

        .014.42 Action de l'électricité. Électrophysiologie (v. aussi 612.743).

        .014.43 Action dela température (v. aussi 612.59).

        .014.44 Action de la lumière (v. aussi 612.849.1).

        .014.45 Action des sons et des vibrations(v. aussi 612.858.76).

        .014.46 Action des poisons et substances chimiques.

        .014.47 Action des forces mécaniques.

        .014.48 Autres agents physiques.

.015 Chimie physiologique en général (v. aussi 612.392).

        .015.02 Traités de chimie physiologique.

        .015.04 Discours, mélanges, essais.

        .015.05 Journaux et Revues.

        .015.07 Méthodes techniques.

    .015.1 Ferments en général.

    .015.2 Composition normale des organismes.

    .015.3 Échanges chimiques (métabolisme) en général.

    .015.4 Pigments de matières colorantes.

.016 Moyens d'attaque et de défense chez les êtres vivants.

.02 Traités généraux.

.04 Discours, mélanges, essais sur la physiologie.

.05 Journaux et Revues.

.06 Sociétés et Congrès de physiologie.

.07 Enseignement de la physiologie.

    .071 Organisation des laboratoires.

    .072 Méthode graphique en général.

    .073 Autres méthodes de technologie physiologique.

.09 Historique.

612.1 Sang et circulation.

    .109 Historique de la circulation du sang.

.11 Propriétés générales du sang.
     .111 Globules rouges du sang.
         .111.1 Composition chimique des globules.
             .111.11 Hémoglobine (v. aussi 612.111.4 et 612.127).
             .111.14 Carboxyhémoglobine. Action de CO sur le sang.
             .111.15 Spectroscopie du sang (v. aussi 612.117).
             .111.16 Méthémoglobine et dérivés (hématine).
             .111.17 Isotoxie des globules.
             .111.19 Autres substances chimiques des globules.
         .111.2 Numération des globules.
         .111.3 Formation des globules (v. aussi 612.119).
         .111.4 Action des poisons sur les globules (v. aussi 612.111.14).
         .111.6 Globules dans les conditions pathologiques.
         .111.7 Autres globules, différents des hématies.
         .111.9 Globules des divers vertébrés.
     .112 Leucocytes.
         .112.2 Mouvements et irritabilité des Leucocytes.
         .112.3 Phagocytose et diapédèse.
         .112.9 Leucocytes chez les divers animaux.
     .113 Sang artériel.
     .114 Sang veineux.
     .115 Coagulation du sang.
         .115.1 Fibrine. Propriétés chimiques.
         .115.3 Substances qui modifient la coagulation.
     .116 Quantité totale du sang.
         .116.2 Hémorrhagie.
         .116.3 Transfusion du sang.
     .117 Couleur du sang (v. aussi 612.111.1).
     .118 Autres propriétés du sang.
         .118.1 Pression osmotique du sang (v. aussi .612.111.17).
         .118.2 Action toxique du sang.
         .118.3 Propriétés bactéricides et antitoxiques du sang.
         .118.5 Sérothérapie et hématothérapie.
         .118.7 Sang des différents organes.
     .119 Hématopoièse (v. aussi 612.111.3).
.12 Propriétés chimiques du sang.
     .122 Hydrates de carbone et sucres du sang.

.123 Matières grasses du sang. Cholestérine.
.124 Albumines et Albuminoïdes (voir aussi 612.398.12).
.125 Matières azotées cristallisables.
.126 Sels minéraux.
.127 Gaz du sang.
    .127.1 Technique pour le dosage des gaz.
.128 Autres matières chimiques du sang.
.129 Sang des divers animaux
.13   Principes hydrauliques de la circulation.
    .133 Circulation artérielle (v. aussi 612.143).
    .134 Circulation veineuse (v. aussi 612.144). Air dans les seins.
    .135 Circulation capillaire (v. aussi 612.145).
.14 Pression du sang.
    .141 Technique pour mesure de la pression du sang.
    .143 Pression du sang dans les artères (v. aussi 612.133).
    .144 Pression du sang dans les veines (v. aussi 612.134).
    .145 Pression du sang dans les capillaires (v. aussi 612.135).
    .146 Influence de la respiration sur la pression du sang (v. aussi 612.214).
    .148 Pression du sang dans la petite circulation.
.15 Vitesse de la circulation.
.16 Pouls.
    .161 Description des sphygmographes.
    .166 Pouls dans les maladies.
.17 Cœur.
    .171 Mécanisme de la contraction cardiaque.
        .171.1 Technique de la contraction cardiaque. Cardiographe.
        .171.3 Système de clôture des valvules.
        .171.5 Bruits du cœur.
        .171.7 Ectopies cardiaques.
    .172 Irritabilité et contractilité cardiaques.
        .172.1 Rôle du sang et des artères coronaires. Anémie.
        .172.3 Électrisation du cœur et période réfractaire.
        .172.4 Pouvoir électro-moteur.
    .173 Travail du cœur. Phénomènes chimiques, dynamiques, thermiques.
    .174 Actions toxiques sur le cœur.
        .174.1 Atropine.
        .174.2 Anesthésiques.
    .175 Rythme et fréquence des battements du cœur.

.176 Cœur dans les maladies.
.178 Innervation du cœur.
    .178.1 Pneumogastrique.
    .178.2 Grand sympathique.
    .178.3 Ganglions du cœur.
    .178.4 Action de l'encéphale.
    .178.5 Action du bulbe.
    .178.6 Syncopes et réflexes cardiaques.
.179 Cœur et circulation dans la série animale.
    .179.3 Cœur des Protozoaires.
    .179.4 Cœur des Mollusques.
    .179.5 Cœur des Arthropodes.
    .179.6 Cœur des Batraciens.
    .179.7 Cœur des Poissons.
    .179.8 Cœur des Reptiles et Oiseaux.
    .179.9 Cœur des Mammifères.
        .179.91 Circulation de l'embryon.
        .179.92 Circulation du fœtus.
.18 Vaso-moteurs.
    .181 Action des nerfs et centres nerveux sur les vaisseaux.
    .181.1 Action de l'encéphale.
    .181.2 Action du bulbe.
    .181.3 Action de la moelle.
    .181.4 Action du grand sympathique.
.182 Influence des vaso-moteurs sur la pression arté-
    rielle.

612   .183 Vaso-constricteurs.
.184 Vaso-dilatateurs.
.186 Vaso-moteurs dans les maladies.
.187 Vaso-moteurs dans les organes.
    .187.1 Changement de volume des organes.
    .187.2 Vaso-moteurs du poumon.
    .187.3 Vaso-moteurs de l'appareil digestif.
        .187.31 Vaso-moteurs des glandes sali-
            vaires.
        .187.32 Vaso-moteurs de l'estomac.
        .187.33 Vaso-moteurs de l'intestin.
        .187.35 Vaso-moteurs du foie.
        .187.38 Action des vaso-moteurs sur
            l'absorption.
        .187.39 Action trophique des vaso-mo-
            teurs.
    .187.4 Action des vaso-moteurs sur les glandes.
        .187.41 Vaso-moteurs de la rate.
        .187.46 Vaso-moteurs du rein.

.229.8 Échanges gazeux des Reptiles et des Oi-
     seaux.

.229.9 Échanges gazeux des Mammifères.

.23 Échanges gazeux dans le sang.

.231 Air expiré.

.232 Asphyxie.

.232.2 Asphyxie par submersion.

.232.9 Asphyxie. Physiologie comparée.

.233 Respiration dans l'air confiné.

.234 Action toxique de l'acide carbonique.

.235 Théorie des échanges gazeux entre l'air et le sang.

.24 Capacité pulmonaire. Air résidual.

.25 Exhalation d'eau par le poumon.

.26 Respiration élémentaire des tissus.

.27 Influence de la pression barométrique sur les êtres vivants
     (v. aussi 612.014.41).

.271 Effets sur l'absorption d'oxygène et l'exhalation
     d'acide carbonique.

.273 Effets toxiques de l'oxygène.

.274 Action des pressions fortes.

.275 Action des pressions faibles.

.275.1 Mal de montagnes.

.275.2 Mal aéronautique.

.276 Action des pressions sur les fermentations.

.277 Effets de la décompression.

.279 Vie des animaux aquatiques aux grandes pressions.

.28 Influence du système nerveux sur la respiration.

.281 Action du cerveau et de la volonté.

.282 Action du bulbe. Nœud vital.

.284 Action des poisons sur les centres respiratoires.

.285 Apnée.

.287 Action des pneumogastriques.

.288 Réflexes respiratoires.

.29 Action des divers organes.

.299 Mécanique respiratoire chez les animaux.

.299.3 Mécanique respiratoire des Protozoaires.

.299.4 Mécanique respiratoire des Mol-
     lusques, etc., comme .179.3, 179.4,
     .179.5, etc.

.612.3 **Digestion en général.**

.301 Théories de la digestion.

.302 Ouvrages généraux.

.309 Historique de la digestion.

.31 Bouche. Dents. Glandes salivaires.

— 18 —

.311 Mastication et préhension.
.312 Déglutition
.313 Glandes salivaires.

> .313.1 Composition de la salive normale.
> .313.2 Action de la salive sur les aliments.
> .313.3 Sécrétion salivaire.
> .313.4 Action des poisons (v. 615.741).
>> .313.41 Elimination des poisons.
>> .313.42 Action de l'atropine et de la pilo-carpine.
>
> .313.5 Relations entre la morphologie et l'excitation.
> .313.6 Altérations pathologiques de la salive.
>> .313.61 Fistules salivaires accidentelles.
>> .313.63 Parasites et microbes de la salive.
>> .313.64 Calculs salivaires.
>> .313.69 Substances anormales.
>
> .313.8 Action du système nerveux sur la sécrétion salivaire.
>> .313.82 Action du sympathique.
>> .313.87 Action de la corde du tympan (v. aussi 612.819.77).
>
> .313.9 Glande sous-orbitaire.

.314 Venins salivaires et venins en général.

> .314.1 Composition chimique.
> .314.2 Action toxique.
> .314.3 Immunité contre les venins.

612.32 Estomac. Suc gastrique. Vomissement.

> .321 Composition normale du suc gastrique.
>> .321.1 Fistules gastriques expérimentales.
>> .321.2 Détermination de l'acide du suc gastrique.
>> .321.5 Pepsine.
>> .321.6 Labferment et présure.
>> .321.9 Autres éléments du suc gastrique.
>
> .322 Action sur les aliments et digestion stomacale.
>> .322.1 Digestion de l'amidon.
>> .322.2 Digestion des sucres
>> .322.3 Digestion des graisses.
>> .322.4 Digestion de l'albumine.
>>> .322.45 Nature et propriété des peptones (v. aussi 612.398.17).
>>
>> .322.5 Propriétés antiputrescibles du suc gastrique.

.322.6 Action de la bile sur le suc gastrique (v. aussi 612.342.5).

322.7 Absorption dans l'estomac (v. aussi 612.386).

.322.72 Absorption des sucres.

.322.73 Absorption des graisses.

.322.74 Absorption des albumines et des peptones.

.323 Secrétion stomacale.

.323.2 Formation et disparition de la pepsine.

.323.3 Formation de l'acide chlorhydrique.

.323.4 Autodigestion de l'estomac.

.324 Action des poisons sur la sécrétion gastrique et élimination.

.325 Relations entre la morphologie et l'excitation.

.326 Altérations pathologiques de la sécrétion stomacale.

.326.1 Fistules gastriques accidentelles chez l'homme.

.326.3 Parasites et microbes de l'estomac.

.326.6 Suc gastrique dans les maladies.

.326.9 Substances anormales du suc gastrique.

.327 Mouvements de l'estomac.

.327.2 Action motrice du pneumogastrique.

.327.5 Mérycisme et Rumination.

.327.7 Vomissement.

.327.8 Action des vomitifs (v. aussi 615.731).

.328 Action du système nerveux sur l'estomac (v. aussi 612.327.2).

.33 Intestin.

.331 Composition normale du suc intestinal.

.331.1 Fistules intestinales expérimentales.

.331.7 Gaz de l'intestin.

.332 Action du suc intestinal sur les aliments et digestion intestinale.

.332.2 Digestion des sucres.

.332.3 Digestion des graisses.

.332.4 Digestion de l'albumine.

.332.7 Absorption dans l'intestin (v. .386).

.332.72 Absorption des sucres.

.333.73 Absorption des graisses. Chylifères (v. aussi 612.426).

.332.74 Absorption des peptones. Transformation des peptones.

.333 Sécrétion intestinale.

.334 Action des poisons sur la sécrétion. Purgatifs
(v. aussi 615.732).

.336 Altérationspathologiquesde lasécrétionintestinale.

.337 Mouvements de l'intestin.

.338 Action du système nerveux sur l'intestin.

    .338.1 Action des nerfs et centres nerveux sur la
        sécrétion.

    .338.4 Phénomènes vaso-moteurs (v. aussi 612.
        187.33).

.339 Péritoine.

.34 Pancréas. Suc pancréatique.

    .341 Composition normale du suc pancréatique.

        .341.1 Fistules pancréatiques expérimentales.

    .342 Action du suc pancréatique sur les aliments.

        .342.1 Sur l'amidon.

        .342.2 Sur les sucres.

        .342.3 Sur les graisses.

        .342.4 Sur les albumines.

        .342.5 Action sur la bile et sur le suc gastrique
          (v. aussi 612.322.6.)

    .343 Sécrétion pancréatique.

    .344 Action des poisons sur la sécrétion pancréatique.

    .345 Relation entre la morphologie et l'excitation.

    .346 Altérations pathologiques du suc pancréatique.

    .348 Action du système nerveux sur le pancréas.

    .349 Pancréas comme glande à sécrétion interne. Glyco-
        surie pancréatique.

.35 Foie.

    .351 Circulation hépatique et composition chimique du
        foie.

        .351.1 Composition chimique du foie.

        .351.5 Circulation hépatique.

    .352 Glycogénèse (v. aussi 612.349).

        .352.1 Dosage du sucre. Procédés techniques.
          .352.11 Dosage duglycogène.

        .352.2 Sucre du sang (v. aussi 612.122).

        .352.3 Action des nerfs sur la fonction glyco-
          génique. Diabète expérimental (v. aussi
          612.349).

        .352.6 Théories du diabète chez l'homme (v.
          aussi 616.63).

        .352.7 Glycogène des muscles (v. aussi 612.744.
          11).

        .352.8 Relations entre la glycogénèse et l'ali-
          mentation.

.352.9 Glycogène des autres organes.
.353 Actions chimiques hépatiques.
    .353.1 Formation de l'urée (v. aussi 612.463.2).
.354 Action des poisons sur le foie.
    .354.1 Stéatoses hépatiques toxiques.
    .354.2 Action antitoxique du foie.
.355 Température du foie (v. aussi 612.563).
.356 Fonction hématopoiétique du foie (v. aussi 612.119).
.357 Bile et sécrétion biliaire.
    .357.1 Composition normale de la bile.
        .357.11 Fistules biliaires.
        .357.13 Matières colorantes.
        .357.15 Sels biliaires.
        .357.19 Autres éléments.
    .357.2 Action de la bile sur les aliments.
    .357.3 Sécrétion biliaire.
        .357.31 Quantité de bile.
        .359.32 Origine des sels biliaires.
        .357.33 Origine des matières colorantes.
    .357.4 Action des poisons sur la sécrétion biliaire
        (v. aussi 615.742).
    .357.5 Élimination des poisons par la bile.
    .357.6 Altérations pathologiques de la bile.
        .357.64 Calculs biliaires.
        .357.65 Oblitération des canaux biliaires.
            Ictère (v. aussi 616.36).
        .357.66 Bile dans les maladies.
        .357.67 Effets toxiques de la bile.
        .357.69 Substances anormales de la bile.
    .357.7 Excrétion biliaire. Contractilité des canaux.
    .357.8 Action du système nerveux sur la fonction biliaire.
    .357.9 Bile des divers animaux.
        .357.94 Bile des Mollusques, etc., comme 179.3, 179.4, 179.5, etc.
.36 Défécation. Gros intestin.
    .361 Composition chimique des matières fécales.
    .363 Digestion cœcale.
    .364 Absorption par le gros intestin.
    .365 Défécation.
.37 Digestion. Physiologie comparée.
    .379.3 Digestion des Protozoaires. .379.4 Digestion des Mollusques, etc., comme 179.3, 179.4, 179.5, etc.

.38 Absorption.
    .381 Imbibition. Transsudations et exsudations. Œdème.
    .382 Osmose (v. aussi 532.7).
        .382.1 Dialyse des substances salines.
        .382.2 Dialyse des substances sucrées.
        .382.4 Dialyse des substances albuminoïdes.
    .383 Diffusion.
    .384 Absorption par la peau (v. 612.79).
    .385 Absorption par les poumons.
    .386 Absorption par le tube digestif (v. 612.332.7 et
        612.332.7).
    .387 Absorption par les muqueuses et les séreuses.
    .388 Absorption par le tissu cellulaire.
.39 Nutrition.
    .391 Faim et soif. Inanition (v. aussi 613.24).
        .391.4 Inanition chez l'homme.
        .391.6 Inanition dans les maladies.
        .391.9 Inanition chez les animaux.
            .391.92 Inanition chez les animaux à
                sang froid.
            .391.96 Inanition chez les animaux à
                sang chaud.
    .392. Aliments en général.
        .392.1 Fixation du carbone.
        .392.2 Fixation de l'azote (v. aussi 612.461.23).
        .392.3 Fixation de l'eau.
        .392.4 Fixation du soufre, du phosphore, du fer.
        .392.5 Valeur thermodynamique.
        .392.6 Aliments minéraux.
        .392.7 Aliments végétaux.
            .392.71 Végétarisme (v. aussi 613.26).
            .392.72 Fruits et légumes.
            .392.73 Féculents.
            .392.74 Pain.
        .392.8 Aliments animaux (v. aussi 613.28).
            .392.81 Viandes.
            .392.82 Bouillon.
            .392.83 Œuf comme aliment.
            .392.84 Lait comme aliment (v. aussi
                612.644).
    .393. Condiments et stimulants.
        .393.1 Alcool comme aliment et boissons alcoo-
            liques.
        .393.2 Café. Thé (v. aussi 613.37).
        .393.9 Autres condiments.

.394 Ration de croissance.
.395 Ration d'entretien.
    .395.1 Ration de travail.
.396 Hydrates de carbone.
    .396.1. Composition chimique.
        .396.11 Amidon.
        .396.12 Dextrines. Glycoses.
        .396.14 Saccharose. Lactose. Maltose.
        .396.17 Cellulose.
        .396.19 Autres sucres.
    .396.2 Transformation des sucres dans l'organisme. Glycolyse.
    .396.3 Diastases en général.
    .396.7 Teneur des aliments en hydrates de carbone.
.397 Graisses.
    .397.1 Formation des graisses dans l'organisme.
    .397.2 Transformation des graisses dans l'organisme.
    .397.7 Teneur des aliments en graisses.
.398 Albuminoïdes et matières azotées.
    .398.1 Composition chimique des albuminoïdes.
        .398.11 Albumine de l'œuf.
        .398.12 Sérine du sang (v. aussi 612.124).
        .398.13 Caséines (v. aussi 612.664.4).
        .398.14 Autres albumines animales. Nucléines. Gélatines.
        .398.15 Légumine.
        .398.16 Autres albumines végétales.
        .398.17 Peptones.
        .398.19 Matières azotées non albuminoïdes.
    .398.2 Transformation des albumines dans l'organisme.
    .398.3 Ferments protéolytiques en général.
    .398.4 Produits chimiques de dédoublement de l'albumine.
    .398.5 Valeur thermodynamique des albumines.
    .398.7 Teneur des aliments en albumines.

612.4 Glandes en général. Sécrétion et excrétion.

    .401 Action de la circulation sur les glandes.
    .403 Action des glandes sur la nutrition.
    .408 Influence du système nerveux sur les glandes.
    .409 Sécrétions glandulaires chez les animaux.

.41 Rate.
    .411 Action hématopoiétique.
    .413 Contractilité de la rate.
.42 Système lymphatique et lymphe.
    .421 Lymphe. Composition chimique.
    .422 Quantité et origines de lymphe.
    .423 Circulation lymphatique.
    .424 Cœurs lymphatiques.
    .425 Innervation des lymphatiques.
    .426 Absorption par les lymphatiques (v. aussi 612.333.73).
    .427 Fistules lymphatiques.
.43 Thymus.
.44 Glande thyroïde.
    .441 Composition chimique.
    .445 Thyroïdectomie chez les animaux.
    .446 Thyroïdectomie chez l'homme.
    .448 Effets des extraits thyroïdiens.
45 Capsules surrénales.
.46 Rein et urine.
    .461 Composition chimique de l'urine.
        .461.1 Réaction.
            .461.17 Technologie urinaire.
        .461.2 Urée et produits azotés.
            .461.21 Dosage de l'urée.
            .461.22 Dosage de l'azote total.
            .461.23 De l'excrétion azotée en général
               (v. aussi 612.392.2).
            .461.231 Rapports de l'excrétion azotée
               avec l'alimentation.
            .461.232 Rapports de l'excrétion azotée
               avec le travail.
            .461.25 Acide urique.
            .461.26 Autres produits azotés.
            .461.27 Matières colorantes de l'urine.
        .461.6 Matériaux salins de l'urine.
        .461.7 Autres éléments de l'urine.
        .461.8 Éléments organiques non azotés de
            l'urine.
        .461.9 Urine des animaux.
            .461.92 Urines des Invertébrés.
            .461.98 Urines des Reptiles et des
               Oiseaux.
            .461.99 Urines des Herbivores.
    .462 Toxicité urinaire.
    .463 Sécrétion urinaire.

.463.1 Quantité d'urine.

.463.2 Élimination de l'urée.

.463.4 Circulation rénale.

.463.5 Influence de la pression artérielle sur la sécrétion urinaire.

.464 Action des poisons sur la sécrétion urinaire et élimination.

.464.1 Diurétiques (v. aussi 615.761). Polyurie.

.464.2 Albuminuries toxiques.

.464.21 Dosage de l'albumine.

.464.3 Élimination des poisons.

.464.4 Glycosuries toxiques. Phloridzine.

.465 Relations entre la morphologie et la sécrétion.

.466 Altérations pathologiques de la fonction rénale et de l'urine.

.466.2 Urine dans les maladies.

.466.21 Urine dans le diabète. Glycosurie.

.466.211 Dosage du sucre de l'urine.

.466.22 Urine dans l'albuminurie.

.466.23 Urémie (v. aussi 616.61).

.466.6 Substances anormales de l'urine.

.467 Excrétion urinaire.

.467.1 Fonctions contractiles de la vessie et des uretères.

.467.2 Absorption dans les voies urinaires.

.467.3 Innervation de l'appareil vésical.

.468 Action du système nerveux sur la fonction des reins.

.49 Sécrétions vicariantes et autres sécrétions.

.5 Chaleur animale.

.51 Origines de la chaleur animale.

.511 Calorimétrie directe.

.511.1 Technique calorimétrique.

.512 Calorimétrie indirecte.

.512.1 Influence de l'alimentation.

.512.3 Rapports avec les échanges respiratoires.

.52 Rayonnement de calorique.

.521 Pertes par la radiation cutanée.

.523 Pertes par l'évaporation pulmonaire.

.524 Pertes par l'évaporation cutanée.

.53 Régulation de la température.

.531 Influence des vaso-moteurs.

.532 Influence du mouvement musculaire (v. aussi 612.
745.3).

.533 Action de la sueur.

.534 Action de la respiration.

.535 Centres thermiques.

612 .54 Autres conditions influençant la température et la thermo-
genèse.

.55 Variations dans la production de chaleur.

.56 Température du corps.

    .561 Technique thermométrique.

    .562 Température de l'homme.

    .563 Topographie thermique.

    .566 Température des animaux à sang froid.

    .568 Température des Oiseaux.

    .569 Température des Mammifères.

.57 Fièvre et hyperthermies fébriles.

.58 Animaux hibernants.

.59 Chaleur et froid. Effets sur l'organisme.

    Exemple : .59.74 Effets sur les muscles.

        .59.793 Effets sur la respiration cu-
tanée.

    .59.8 Effets sur le système nerveux.

    .59.9 Effet des brûlures et des gelures.

612.6 Reproduction et génération.

    .601 Génération spontanée.

    .602 Greffe.

    .603 Cicatrisation. Régénération.

    .605 Hérédité.

.61 Appareil mâle.

    .611 Sperme.

    .612 ⌐rection.

    .613 Copulation. et fécondation.[1]

    .616 Testicule. Liquide orchitique.

.62 Appareil femelle. Ovulation. Utérus.

.63 Imprégnation. Grossesse.

.64 Développement de l'embryon.

    .646 Physiologie de l'embryon (v. aussi 612.179.91).

    .647 Physiologie du fœtus (v. aussi 612.179.92).

    .648 Physiologie du nouveau-né.

.65 Croissance des êtres.

.66 Période adulte.

    .661 Puberté.

    ·662 Menstruation.

    .663 Fécondité.

.664 Lactation.
  .664.1 Composition chimique du lait (v. aussi 614.32).
    .664.2 Sucre (v. aussi 612.396.14).
    .664.3 Graisses. Beurre.
    .664.4 Caséine et albumine (v. 612.398.13).
    .664.5 Autres substances.
      .664.6 Substances salines.
      .664.9 Comparaison des laits de divers animaux.
  .664.3 Sécrétion lactée.
      .664.32 Formation du sucre.
      .664.33 Formation de la graisse.
      .664.34 Formation de la caséine.
      .664.35 Colostrum.
      .664.36 Variations du lait suivant diverses causes.
  .664.4 Action des poisons sur la sécrétion du lait et élimination.
  .664.5 Relations entre la morphologie et la sécrétion.
  .664.6 Altérations pathologiques de la sécrétion lactée.
  .664.7 Digestion du lait.
  664.8 Influence du système nerveux sur la sécrétion.
.67 Période de déclin. Mort.
.68 Longévité.

612.7 Organes du mouvement. Voix. Peau.

.71 Protoplasme (v. aussi 612.014).
.72 Cils vibratils.
.73 Muscles lisses.
.74 Muscles striés.
  .741 Contraction musculaire.
      .741.1 Technique myographique.
      .741.3 Changements de volume du muscle. Onde musculaire.
      .741.4 Élasticité du muscle.
      .741.6 Irritabilité musculaire. Influence du sang.
      .741.7 Période latente et phénomènes histologiques de la contraction.
      .741.8 Bruit musculaire.
      .741.9 Physiologie comparée.
  .742 Rigidité cadavérique.

.782.1 Influence du spinal.

.782.2 Influence du pneumogastrique.

.782.3 Laryngoscopie.

.782.4 Mouvements de la glotte.

.783 Larynx artificiels.

.784. Registres de la voix.

.784.1 Ventriloquie.

.786 Fonction des organes sonores des Invertébrés.

.788 Fonction du larynx des Oiseaux.

.789 Parole. Langage.

.789.1 Rôle des cavités buccale et nasale.

.789.2 Fonctions des lèvres et du voile du palais.

.789.3 Rôle des centres nerveux. Aphasie (v. aussi 616.855).

.789.4 Timbre des voyelles.

.79 Peau.

.791 Absorption.

.791.1 Pénétration des corps solides.

.791.2 Absorption des graisses.

.791.3 Absorption des sels dissous.

.791.4 Absorption des liquides.

.791.5 Absorption des gaz.

.792 Transpiration cutanée.

.792.1 Sueur. Composition chimique.

.792.4 Action des poisons sur la transpiration cutanée.

.792.6 Altérations pathologiques de la sueur.

.792.8 Action du système nerveux sur la transpiration cutanée.

.793 Respiration cutanée.

.793.4 Influence du vernissage.

.794 Sensibilité de la peau.

.795 Résistance électrique de la peau et des tissus.

.798 Nerfs trophiques de la peau.

.799 Croissance et physiologie des ongles et des poils.

.799.9 Peau et tégument chez les divers animaux.

612.8 Système nerveux.

.801 Théories sur le système nerveux et l'innervation.

.801. 1 Inhibition et dynamogénie.

.801. 2 Action du système nerveux sur les phénomènes chimiques.

.802 Traités généraux.

.804 Discours et leçons sur le système nerveux en général.

.805 Revues et journaux sur la physiologie du système nerveux.

.809 Historique sur la physiologie du système nerveux.

.81 Système nerveux périphérique.

  .811 Distinction des nerfs sensitifs et des nerfs moteurs.

    .811.4 Influence de la sensibilité sur le mouvement et du mouvement sur la sensibilité.

  .812 Sensibilité récurrente.

  .813 Phénomènes électriques de l'excitation nerveuse (v. aussi 612.743).

  .814 Phénomènes chimiques et thermiques de l'excitation nerveuse.

  .815 Phénomènes histologiques de l'excitation nerveuse.

  .816 Irritabilité des nerfs.

    .816.1 Action de l'électricité.

    .816.3 Conductibilité nerveuse.

    .816.5 Vitesse de l'onde nerveuse.

  .817 Action des nerfs sur les muscles (v. aussi 612.748).

    .817.1 Poisons curarisants.

  .818 Nerfs trophiques.

    Exemple : .818.79 Nerfs trophiques de la peau.

    .818.46 Nerfs trophique du rein, etc.

    .818.8 Dégénérescence des nerfs.

    .818.9 Régénération et cicatrisation des nerfs.

  .819 Physiologie spéciale des nerfs.

    .819.1 Ire paire. Nerf olfactif.

    .819.2 IIe paire. Nerf optique (v. aussi 612.843).

    .819.3 IIIe paire.

      .819.31 Action sur l'iris et l'accommodation.

      .819.32 Action sur la paupière.

      .819.33 Action sur les mouvements de l'œil.

    .819.4 IVe paire.

    .819.5 V^e paire.

      .819.52 Action sensitive.

      .819.53 Action trophique.

    .819.6 VIe paire.

    .819.7 VIIe paire.

      .819.71 Action sur les muscles de la face.

      .819.73 Action sur la respiration.

      .819.74 Action sur l'ouïe.

      .819.75 Action dans la déglutition et la gustation.

.819.77 Action sur la salive. Corde du tympan (voir aussi 612.313.87.)

.819.78 Paralysie du facial. Pathologie comparée.

.819.8 VIIIe paire (v. aussi 612.85.)

.819.82 Canaux semi-circulaires (v. aussi 612.858.3).

.819.9 IXe paire.

.819.91 X^e paire. Pneumogastrique.

.819.911 Action sur le cœur.

.819.912 Action sur la respiration.

.819.913 Action sur l'estomac.

.819.915 Action sur le foie.

.819.916 Action sur l'intestin.

.819.917 Action dans la phonation.

.819.918 Mort après section des pneumogastriques.

.819.92 XIe paire.

.819.921 Anastomose avec le pneumogastrique.

.819.922 Fonction respiratoire.

.819.923 Fonction vocale.

.819.93 XIIe paire.

.819.94 Nerfs rachidiens en particulier.

.819.941 Nerf phrénique.

.82   Centres nerveux. Encéphale.

.821. Psychologie physiologique en général.

.821.1 Temps de réaction aux excitations.

.821.11 Technique des méthodes.

.821.14 Temps de réaction aux excitations visuelles.

.821.15 Temps de réaction aux autres excitations.

.821.2 Attention, mémoire, association.

.821.3 Instinct et intelligence.

.821.4 Action des poisons sur l'intelligence et le système nerveux.

.821.41 Morphine et homologues.

.821.42 Anesthésiques en général (v. aussi 615.965 et 615.966).

.821.44 Action de l'alcool! (v. aussi 615.964).

.821.6 Réflexes psychiques.

.826 Ganglions cérébraux.
    .826.1 Corps opto-striés et calleux.
    .826.2 Conduction dans le cerveau.
    .826.3 Pédoncules cérébraux et protubérance.
    .826.5 Tubercules quadrijumeaux. Lobes optiques.
    .826.7 Pédoncules cérébelleux.
    .826.9 Autres parties du cerveau.
.827 Cervelet.
    .827.6 Cervelet dans les affections pathologiques.
.828 Bulbe rachidien.
    Exemple : .828.17 Centres cardiaques vaso-moteurs. .828.2 Centres respiratoires, etc.
    .828.5 Centres thermiques.
    .828.6 Conduction dans le bulbe.
    .828.7 Centres trophiques.
.829 Système nerveux central dans la série animale.
    .829.3 Système nerveux central des Radiaires.
      .829.4 Système nerveux des Mollusques, etc., comme .179.3, .179.4, .179.5, etc.
.83 Moelle épinière.
    .831 Conduction dans la moelle épinière.
    .832 Excitabilité de la moelle épinière.
    .833 Action réflexe.
      Exemple : .833.1 Réflexes circulatoires. .833.18 Réflexes vaso-moteurs. .833.2 Réflexes respiratoires, etc.
      .833.8 Action des centres nerveux sur les réflexes.
      .833.9 Autres phénomènes de l'action réflexe.
        .833.91 Vitesse des réflexes.
        .833.92 Réflexes pathologiques.
    .834 Moelle comme centre d'innervation.
    .835 Dégénérescences de la moelle. Atrophies.
.84 Optique physiologique. Vision.
    .840.1 Théories générales.
    .840.2 Traités.
    .840.4 Essais, mélanges, discours.
    .840.5 Journaux et Revues.
    .840.6 Sociétés.
    .840.7 Technique et instruments.
    .840.9 Historique.
.841 Cornée et Conjonctive.
.842 Iris. Choroïde. Corps ciliaire. Accommodation.
    .842.1 Accommodation (v. Presbytie .845.4).

.842.2 Action des nerfs et des centres nerveux sur la pupille.

.842.4 Action de l'atropine et des poisons sur l'iris.

.842.5 Choroïde et pigment de l'œil.

.842.6 Pression intra-oculaire, et circulation oculaire.

.842.9 Iris, choroïde, etc., dans la série animale.

.843 Nerf optique. Rétine et fonction rétinienne.

   .843.1 Pourpre rétinien.

   .843.2 Irradiation.

   .843.3 Sensibilité chromatique et contraste des couleurs.

      .843.31 Vision des couleurs.

      .843.32 Sensibilité chromatique.

      .843.33 Daltonisme et troubles de la sensibilité chromatique.

      .843.34 Mélange des couleurs.

      .843.35 Contraste des couleurs.

   .843.4 Phénomènes entoptiques.

   .843.5 Persistance des impressions visuelles.

   .843.6 Champ visuel. Acuité visuelle. Photométrie.

   .843.7 Conduction dans l'encéphale.

      .843.71 Rôle des circonvolutions.

      .843.72 Perceptions optiques.

      .843.73 Audition colorée.

      .843.74 Illusions optiques.

.844 Cristallin, humeur vitrée.

   .844.1 Changements de courbure du cristallin (v. .842.1).

.845 Troubles de la fonction visuelle (v. .617.75).

   .845.1 Myopie.

   .845.2 Hypermétropie.

   .845.3 Astigmatisme.

   .845.4 Presbytie.

   .845.5 Daltonisme.

.846 Mouvements de l'œil.

   .846.2 Vision binoculaire.

   .846.3 Action de la IIIe paire.

   .846.4 Action de la IVe paire.

   .846.6 Action de la VIe paire.

   .846.7 Notion du relief. Stéréoscopie.

   .846.8 Strabisme. Diplopie.

.847 Appareil palpébral et lacrymal.

.849 Vision dans la série animale.

     .849.3 Chez les Protozoaires, etc. (Comme plus haut).

.85 Audition.

   .851 Oreille externe (fonctions).

   .854 Oreille moyenne.

   .855 Membrane du tympan.

   .856 Trompe d'Eustache.

   .857 Osselets et mouvements des osselets.

   .858 Oreille interne.

     .858.1 Conduction des sons dans l'oreille interne.

     .858.2 Utricule et saccule.

     .858.3 Canaux semi-circulaires (v. aussi 612.819.82). Vertige.

     .858.4 Limaçon. Organe de Corti.

     .858.7 Conduction des excitations acoustiques dans l'encéphale et perceptions acoustiques.

        .858.71 Acuité auditive.

        .858.72 Rôle des circonvolutions.

        .858.73 Sensations subjectives.

        .858.74 Sensations musicales et distinctions des sons et des timbres.

        .858.75 Audition binauriculaire.

        .858.76 Sensibilité générale des êtres aux sons (v. aussi 612.014.45).

    858.9 Audition dans la série animale.

       .858.99 Chez les Protozoaires, etc.

.86 Olfaction.

.87 Gustation.

.88 Toucher. Sensibilité tactile. Équilibre.

   .881 Notion de l'espace.

   .882 Sens de la température.

   .883 Sens de la pression.

   .884 Sensibilité à la douleur.

   .885 Sens musculaire.

   .886 Sens de l'équilibre (v. aussi .819.82).

   .887 Anesthésies, hypesesthésies synesthésies.

   .889 Sensibilité tactile dans la série animale.

.89 Système du grand sympathique.

   .891 Ganglions cervicaux.

   .892 Ganglions thoraciques.

   .893 Ganglions abdominaux.

   .896 Action sur l'iris.

   .897 Action sur le cœur.

   .898 Action sur l'intestin.

   .899 Système sympathique dans la série animale.

INDEX SOMMAIRE (PHYSIOLOGIE ANIMALE)

PHYSIOLOGIE ANIMALE.

Paris. — Typ. Chamerot et Renouard, 19, rue des Saints-Pères. — 33546

105